AF343938

Magasin des Haras de France — Tome 1er

Conserver la Couverture

1634 J

PARIS

LOUIS DE MAZY

RÉDACTEUR EN CHEF DU JOCKEY

Gladiateur

ET

LE HARAS DE DANGU

A Mr LE Cte F. DE LAGRANGE

J. ROTHSCHILD, ÉDITEUR,

43, Rue Saint-André-des-Arts, 43

PARIS

Paris Imp. Gerry frères, rue Condé 26

A L'UNION DE TOUS LES CHASSEURS DE FRANCE !

LA VÉNERIE FRANÇAISE

A L'EXPOSITION DE 1865

Album de 36 Photographies faites d'après nature

PAR

L. CREMIÈRE

PHOTOGRAPHE DE LA MAISON DE L'EMPEREUR

La dernière livraison contiendra les noms des souscripteurs

Texte par M. **Pierre Pichot**

d'après les travaux cynégétiques de MM. APPERLEY,
LE COUTEULX DE CANTELEU, DE NOIRMONT,
RICHARDSON, SELINCOURT, Ashton SMITH,
WOOD, etc.

PRÉCÉDÉ D'UNE INTRODUCTION GÉNÉRALE

par

M. LE CTE LE COUTEULX DE CANTELEU

Publié en six livraisons in-4° oblong.

PRIX : 5 FR.

Cet ouvrage, publié avec un soin exceptionnel, paraîtra en six livraisons de 6 photographies, accompagnées d'un texte. Les deux premières livraisons seront consacrées aux meutes : la première à celles de race pure, la seconde à celles de bâtard, puis les différentes races de chiens courants se succéderont dans l'ordre adopté par la commission d'organisation du Concours. La préface dont cette publication est précédée est un admirable travail d'ensemble dans lequel tous nos veneurs trouveront d'utiles renseignements et des sages conseils, que viendront compléter les notices sur chacune des races, notices qui, sous une forme concise, présentent aux amateurs les différentes opinions de tous nos auteurs classiques sur chacune d'elles et des renseignements historiques curieux et peu connus.

QUE SAINT HUBERT VOUS GARDE !

ALBUM DU CHASSEUR

Illustré de photographies d'après les dessins de M. DEIKER

TEXTE

par M. A. DE LA RUE,

INSPECTEUR DES FORÊTS DE LA COURONNE

1 vol. in-4 oblong. Prix : 80 fr.

Nouvelle souscription en 6 livraisons à 13 fr.

SUJETS REPRÉSENTÉS DANS L'ALBUM

FRONTISPICE

1. Le Lièvre...... avec texte.	7. Le Cerf...... } avec texte.		
2. Le Chat sauvage —	8. Le Cerf...... }		
3. Le Loup....... —	9. Le Daim ..... } —		
4. Le Renard ..... —	10. Le Daim ..... }		
5. Le Sanglier... } —	11. Le Chevreuil . } —		
6. Le Sanglier... }	12. Le Chevreuil . }		

Cet ouvrage ne peut convenir qu'aux personnes de goût, aux véritables amateurs qui savent trouver dans le noble *déduict* un délassement instructif et qu'intéresse l'étude des mœurs des animaux employés à la chasse ou de ceux qui vivent dans nos forêts et nos champs.

Les douze planches qui composent notre publication sont une reproduction heureusement réussie des meilleures peintures des maîtres allemands, si supérieurs en tout ce qui a rapport à la vénerie, à la fauconnerie et à la chasse au tir.

On pourrait presque dire que l'*Album du chasseur* est moins une fantaisie qu'une œuvre artistique accompagnée d'une légende qui, pour n'être qu'un complément secondaire, il est vrai, ne sera pas moins lue avec plaisir après l'examen des planches. On le voit donc, cet album a le double avantage de plaire aux yeux et de parler à l'esprit.

Enfin, nous ne croyons pas être indiscret en disant ici que c'est la mort cruelle et récente de l'un des plus honorables et des plus intrépides veneurs de notre temps qui a inspiré le texte et servi d'occasion à son auteur pour déposer une *brisée* de cyprès sur la tombe du comte G... de L...

Nous ne sachons pas qu'une œuvre sur la chasse ait jamais paru dans des conditions aussi favorables pour intéresser le monde distingué des véritables chasseurs.

J. ROTHSCHILD, ÉDITEUR
43, rue Saint-André-des-Arts, 43

DICTIONNAIRE

DE

L'ART VÉTÉRINAIRE

Hygiène, — Médecine, — Pharmacie, — Chirurgie, Production, — Conservation, — Amélioration des animaux domestiques

A L'USAGE DES GENS DU MONDE

PAR CH. DE BUSSY

AVEC LE CONCOURS DE PLUSIEURS VÉTÉRINAIRES

Un vol. in-18 de 360 pages

Prix : 4 fr. — Relié en toile : 5 fr.

Le titre *Art vétérinaire*, que l'on a adopté ici, parce qu'il est le plus exact et le plus logique, ne doit pas conduire les lecteurs et particulièrement ceux de la campagne à penser que ce guide s'adresse aux savants.

Cet ouvrage est, au contraire, à la portée de tout le monde, et a été rédigé sous forme de dictionnaire pour rendre plus faciles et plus promptes les recherches que nécessitent trop souvent les maladies et les accidents subits chez les animaux domestiques. Le fermier, grâce à ce traité pratique, trouvera de suite les premiers soins à donner à ses bestiaux, et pourra, dans bien des cas, prévenir des affections que le moindre retard rendrait peut-être mortelles. Ce dictionnaire-manuel est donc d'un usage pratique à tous moments, et chacun pourra y puiser avec confiance les renseignements nécessaires à l'hygiène des animaux domestiques.

A la fin de l'ouvrage se trouve une table pouvant remplacer un Manuel de l'art vétérinaire, afin que le lecteur n'ait pas seulement un dictionnaire, mais également un ouvrage pratique dont les recettes sont basées sur les principes non contestés des célèbres écoles d'Alfort et d'Allemagne.

BIBLIOTHÈQUE
DES HARAS DE FRANCE
TOME Ier.

GLADIATEUR

ET LE

HARAS DE DANGU.

Paris. — Imprimerie de Ad. Lainé et J. Havard, rue des Saints-Pères, 1 h.

Imp Gény-Gros, Paris.

J. Audy.

GLADIATEUR

GLADIATEUR

ET LE

HARAS DE DANGU

A M. LE COMTE FRÉDÉRIC DE LAGRANGE

PAR LOUIS DEMAZY

Rédacteur en chef du *Jockey*.

PARIS

J. ROTHSCHILD, ÉDITEUR

43, RUE SAINT-ANDRÉ-DES-ARTS, 43.

1865

CERTAINS PROPOS.

—

Hélas! il faut en convenir, Incitatus, ce cheval favori d'un César en démence, a fait grand tort dans l'esprit des moralistes à l'espèce chevaline tout entière.

Les Pures, en espagnol *Puros,* déblatèrent à l'envi contre ces braves animaux qui n'en peuvent mais, et tancent d'importance les sportsmen et les éleveurs de chevaux.

Allons, bonnes gens, calmez vos courages émus! ayez moins de passion pour les ânes et plus de justice pour la plus « noble conquête de l'homme ! » souvenez-vous que les courses modernes sont nées et qu'elles ont grandi avec les belles et libérales institutions de l'Angleterre. Le Derby et ses joies populaires ont pris naissance sur cette terre fortunée, où fleurit la liberté. Osez dire que cette foule qui acclame chaque année à Epsom le vainqueur des vainqueurs est abrutie par le despotisme !

Gardez donc vos colères pour des occasions meilleures !

Vos indignations sont grotesques, je vous en préviens ; et en dépit de vos prétendus sarcasmes, Gladiateur est resté le lion du jour.

Que le marasme où nous sommes soit pesant, je le reconnais, mais ne vous en prenez point aux sportsmen. De tout temps d'ailleurs la victoire de Gladiateur eût remué l'opinion publique, car notre pays a enfin pris goût aux nobles émotions du turf. C'est donc pour sa-

tisfaire la curiosité générale que nous publions
sur le héros du moment des notes précises et
exactes, que nous faisons suivre de la description du beau Haras de Dangu, où M. le comte
de Lagrange se livre, avec quel succès, on le
sait, à l'élevage du cheval de pur-sang.

Prochainement nous entrerons plus avant
dans la question.

Ce petit livre, aujourd'hui, suffit pour faire
connaître Gladiateur et son berceau.

GLADIATEUR

ET

LE HARAS DE DANGU.

CHAPITRE Ier.

EPSOM.

La France entière applaudit encore à la victoire de Gladiateur. Le triomphe remporté sur le turf d'outre-Manche par un éleveur français est devenu un événement national.

La foule s'est passionnée pour le vainqueur du Derby anglais. Les mots de victoire et de bataille ont monté les têtes; mais les éleveurs seuls savent apprécier ce qu'il a fallu de persévérance et d'efforts pour vaincre les Anglais eux-mêmes en ces luttes gigantesques, pour remporter le grand prix en ces

« jeux néméens, » et enlever cette palme si enviée que M. d'Israeli a nommée « le ruban bleu du turf. »

Tudieu! quelle victoire!

Les turfistes français ont enfin gagné leurs éperons d'or.

Ce beau succès a reçu des Anglais eux-mêmes l'accueil le plus courtois et le plus flatteur. Ce peuple, si grand parce qu'il est si libre, n'a donné aucun signe de mauvaise humeur. Il a peut-être été surpris de se voir vaincu, mais il a fait preuve d'une politesse et d'un goût exquis.

S. A. R. le prince de Galles a voulu manifester sa sympathie à l'heureux propriétaire du vainqueur du Derby. M. le comte de Lagrange était au nombre des sportsmen illustres que l'héritier présomptif de la couronne d'Angleterre a réunis dans un grand dîner, pendant lequel lord Derby, le descendant du fondateur du grand prix, prenant la parole avec l'approbation du prince royal, rendit hommage au génie de la France, « de cette nation, a-t-il dit, qui produit tout ce qu'elle veut, et qui en peu d'années avait su mettre ses haras au niveau des plus célèbres haras de l'Angleterre. »

Cet hommage, tombé de la bouche des éleveurs et des hommes d'État les plus autorisés d'outre-

Manche, est fait pour nous rendre fiers et heureux tout à la fois d'avoir mérité ces éloges de la part des Anglais, nos prédécesseurs et hier encore nos maîtres dans l'art d'élever les chevaux.

Cependant tout l'honneur de ce beau triomphe doit être reporté à ceux qui l'ont préparé depuis trente années, c'est-à-dire aux fondateurs de la Société d'encouragement. Mais, après avoir payé notre tribut de reconnaissance à l'éminente assemblée, il faut décerner à M. le comte Frédéric de Lagrange tous les éloges et toutes les félicitations mérités par sa persévérance et son habileté. L'heureuse résolution qu'il a prise d'établir à Newmarket une écurie composée de chevaux français et de disputer aux Anglais les plus brillantes victoires,. a mis en relief la valeur de nos produits. Sans cette courageuse entreprise, nos éleveurs ignoreraient encore leur puissance. L'année dernière, Fille-de-l'Air gagnait les Oaks; cette année, Gladiateur gagne le Derby.

M. le comte de Lagrange a droit à la reconnaissance de tous les éleveurs, et son nom en effet a déjà acquis cette popularité flatteuse, récompense de ceux qui illustrent leur pays.

L'ovation française dans toute sa fougue entraînante ne s'est pas fait longtemps attendre.

LE GRAND PRIX DE PARIS.

Cent cinquante mille spectateurs ont acclamé la victoire de Gladiateur, ce cheval national et, pour ainsi dire, le champion de la France. Il ne suffisait pas que le vaillant fils de Monarque eût gagné les 2,000 guinées et le Derby anglais, chacun désirait le voir conquérir sur la terre natale cette glorieuse couronne que ni Blair-Athol ni Lord-Clifden, avant lui, n'avaient pu cueillir. Cette tâche, qui fut au-dessus des forces de Blair-Athol, Gladiateur l'a accomplie aux applaudissements de tous.

L'allégresse était générale. Tous les vœux étaient satisfaits, toutes les espérances réalisées, l'ovation fut étourdissante, mais pleine de convenance et de dignité. L'enthousiasme ne s'égara point jusqu'au délire, et le triomphe, pour être immense et universel, ne dépassa pas les bornes d'une joie avouable et permise.

La foule heureuse et intelligente ne croyait point, comme on l'a dit, prendre la revanche de Waterloo, elle applaudissait simplement le splendide produit de notre élevage national, et, sans vouloir insulter à l'in-

succès de nos braves amis les Anglais, elle se réjouis-
sait des progrès accomplis par les éleveurs français.

Plus que les traités d'alliance, ces luttes interna-
tionales où les vainqueurs apprennent à respecter les
vaincus, unissent les peuples, et puisque nous sommes
en voie d'imiter les Anglais, nous ne nous bornerons
point à les vaincre sur le turf, nous essayerons
d'égaler leurs admirables institutions.

La victoire de Gladiateur (et qu'on ne taxe point
de paradoxe cette proposition), a grandi la France
aux yeux des Anglais de toutes les classes qui nous
croyaient incapables de produire des chevaux égaux
aux leurs. Or tout événement qui nous rapproche de
nos voisins et qui augmente l'estime que l'Angleterre
a de notre pays doit être célébré et fêté. C'est pourquoi, non-seulement par amour-propre, mais pour
ses fructueuses conséquences, nous nous réjouissons
de l'heureuse issue du grand prix de Paris.

Nul cheval jusqu'ici n'avait été capable de remporter tout à la fois le Derby anglais et le grand prix
de Paris. Il appartenait à un poulain français d'ac-
quérir cette gloire qui aura pour résultat de placer
notre production chevaline au-dessus de toute con-
currence. Les Anglais eux-mêmes proclament déjà
la supériorité de nos produits, et le temps n'est point

éloigné où l'Europe et l'Angleterre elle-même viendront chercher dans nos haras leurs étalons et leurs reproducteurs d'élite. Nous reviendrons sur l'avenir brillant, sur l'ère nouvelle qui s'ouvre devant nos éleveurs, s'ils savent persévérer dans la voie suivie jusqu'ici; il faut aujourd'hui glisser sur les considérations générales pour rendre compte de cette solennité populaire.

Depuis la création du grand prix, jamais une foule aussi nombreuse n'avait envahi la pelouse de Longchamp. Les tribunes étaient encombrées, et la prairie, couverte de voitures et de piétons, avait de ces ondulations énormes semblables aux flots de la mer.

A trois heures cinq minutes, les six numéros parurent au poteau du télégraphe, et un murmure formidable de satisfaction parcourut l'assemblée quand les six chevaux firent leur entrée sur la piste. Bien des cris d'admiration saluèrent Gladiateur, mais ils furent promptement étouffés. Le groupe s'avança vers les tribunes et prit bientôt son galop d'essai.

Gladiateur, comme le chêne des forêts, dépassait ses compagnons de toute la tête. Vertugadin, à M. Delamarre, passa le premier; puis Todleben, au duc de Beaufort; Le Mandarin, Gladiateur, tous deux à M. le comte de Lagrange; Gontran à M. le major

Fridolin, et Tourmalet à M. A. Lupin. Vertugadin galopait avec force. Todleben ne se fit point remarquer par son « action ». Quant à Gladiateur, il dévorait l'espace, et la terre fuyait sous ses longues *strides*, qui semblaient interminables. Gontran et Tourmalet paraissaient être bien portants ; ils prirent chacun un bon canter.

Enfin les chevaux revinrent à la file se placer au poteau de départ. Vertugadin, comme la veille, ne portait plus ses œillères ; il avait le n° 1 ; puis venait Gontran. Le n° 3 était échu à Gladiateur, qui précédait Le Mandarin ; Tourmalet suivait celui-ci. Todleben avait amené le n° 6.

A trois heures vingt minutes, le groupe s'élança, et Todleben, qui partit le premier, fut bientôt dépassé par Vertugadin, qui mena la course grand train, suivi de Tourmalet. Gontran et Todleben étaient au milieu ; Le Mandarin et Gladiateur galopaient tranquillement derrière. Vertugadin et Tourmalet prirent bientôt une avance considérable, et en descendant la côte ils augmentaient tellement la distance qui les séparait de Gontran, qu'il devenait presque impossible de les rattraper. Mais à 500 mètres du but, on vit Gladiateur quitter sa place, avancer progressivement, puis tout à coup, au tournant, il parut en tête. Un cri formidable s'éleva dans l'air, et si les corneilles ne tombèrent pas dans l'arène, c'est que, depuis l'accident arrivé à leurs pareilles durant les jeux Olympiques, ces oiseaux fort défiants évitent les grandes foules.

Gladiateur! Gladiateur! on n'entendait plus que ces mots, et, en effet, le brave cheval de M. le comte de Lagrange prenait le dessus et gagnait de six longueurs au petit galop. La foule se précipita au-devant du vainqueur, et se livra à toute l'allégresse du triomphe, pendant que les turfistes et les sportmen accueillaient le comte de Lagrange au bruit des hourras mille fois répétés.

Jamais, en effet, plus brillante victoire ne fut plus vaillamment remportée. Gladiateur a gagné comme il a voulu, et a déployé une supériorité incommensurable. D'ailleurs l'illustre fils de Monarque a toute l'apparence d'un vainqueur fameux; il tient de son père une distinction et une tête admirables.

De haute stature, Gladiateur est aussi grand que Blair-Athol, et mesure environ 1^{m}62 à 1^{m}63. Il est de couleur bai-cerise et porte une étoile en tête. Son encolure élégante, mince et déliée, est bien attachée, et ses épaules longues, puissantes et larges, frappent tout d'abord. Ses bras sont énormes et ses membres sains. Un accident qui lui arriva peu après sa naissance a déterminé une légère grosseur au boulet. Mais ses tendons sont nets et irréprochables, ses pieds solides et ouverts. Une vaste poitrine descendue et profonde, renfermant un appareil respiratoire sans défaut, distingue ce beau poulain aux cuisses longues, fortes et compactes; les hanches sont larges et fortes, l'attache du rein est haute, et ses jarrets sont exempts de tout reproche; son grasset développé et ses jambes larges et saines démontrent la force herculéenne dont il est doué. En somme, ce grand et splendide fils de Monarque, quoique construit dans de plus vastes proportions, possède une ressemblance frappante avec son père.

Moins séduisant et moins coquet, il est plus fort et nous semble supérieur à Monarque lui-même, qui n'a jamais été d'un ordre aussi élevé que son heureux rejeton. Mais ajoutons à cela que Gladiateur, en dépit de la lutte sévère du Derby et de l'épreuve non moins dure de la traversée, était brillant de santé et de condition. Les muscles du grand vainqueur avaient cette solidité, cette fermeté marmoréenne si vantée, qui fait le plus grand honneur au talent de Jennings.

L'habile entraîneur qui, en 1855, avait préparé Monarque pour le prix du Jockey-Club, était digne de recueillir le fruit de ses travaux et de mettre le comble à sa renommée en entraînant dix ans plus tard un fils de Monarque, un vainqueur des 2,000 guinées du Derby, du grand prix de Paris, et probablement du Saint-Léger.

Gladiateur est par Monarque et Miss Gladiator, fille de Gladiator et de Taffrail, par Sheet Anchor et de Warwick Mare, par Merman, sorti d'Androssan Mare.

Monarque est par The Baron, Sting ou The Emperor et Poetess, fille de Royal Oak et d'Ada, par Whisker, et Anna Bolena, fille de Shuttle et Drone Mare.

Miss Gladiator est née au haras de Saint-Cloud, en 1854; elle est sœur de Phénix, Union Jack, Freyschutz et Amaranthe. La mère de Gladiateur n'a jamais gagné. En 1858, elle donna naissance à Fille des Joncs, par Peu d'Espoir; en 1860, à Villafranca, par Monarque; vide en 1861; en 1862, elle produisit Gladiateur; en 1863, vide; en 1864, elle produisit Imperator, par Monarque; en 1865, une pouliche, par Monarque.

Le sang le plus noble et le meilleur coule dans les veines de Gladiateur, qui a pour ancêtres Whisker, Sheet Anchor, Royal Oak et Gladiator.

La naissance du vainqueur du grand prix de Paris n'est pas due au hasard. M. le comte de Lagrange, ayant déjà remarqué que le sang de Gladiator allié à celui de Monarque produisait des merveilles, résolut de multiplier ces alliances. Cependant l'illustre Monarque montrait pour Miss Gladiator une froideur qu'il fallut tromper. On couvrit d'un bandeau les yeux du célèbre étalon, et comme l'Amour, lui aussi, est aveugle, Gladiateur fut créé.

Ce poulain, né et élevé au haras de Dangu, jusqu'à l'âge de dix-huit mois, fut envoyé en Angleterre au mois d'octobre 1863, et fit ses débuts l'automne dernier à Newmarket, où, portant 8 st. 10 liv. et monté par A. Edwards, il gagna les Clearwell Stakes, battant Joker, Ostreger, Don Basilio, Verderer, Maid-Marian et six autres. A la même réunion, portant 9 st. 2 liv., il arriva troisième tête à tête avec Longdown dans le Prendergast-Stakes gagné par Bedminster (8 st. 10 liv.) monté par Wells. Sibéria (8 st. 11 liv.) était seconde. Gladiateur et Longdown battaient Gardevisure, Olmar et deux autres. Au meeting suivant, il ne fut pas placé dans le Criterion gagné par Chattanooga (8 st. 10 liv.) qui triomphait de Brahma, The Buck, Audax et dix autres.

En 1865, sa première course fut une victoire. Il gagna les Deux-Mille-Guinées, monté par H..Grimshaw et portant 8 st. 10 liv., il battit Archimède second, Liddington troisième, Zambezi quatrième, Bedminster, Breadalbane, Kangaroo, Regalia et dix autres. Le 31 mai, il gagnait le Derby à Epsom, et le récit de cet exploit est encore présent à la mémoire de tous.

Gladiateur est engagé en Angleterre : dans les Drawing-Room-Stakes et Fourteenth-Bentinck-Memorial à Goodwood ; dans le Great-Yorkshire-Stakes et le Saint-Léger à Doncaster, dans le Newmarket-Derby à Newmarket (seconde réunion d'automne).

Gladiateur est engagé en France et à Bade : dans le grand Saint-Léger de France à Moulins, et dans le Saint-Léger continental à Bade.

Outre les 143,000 fr. montant du prix, M. de Lagrange a reçu des mains du chef de l'État un bouclier d'argent ciselé. Or, si nous additionnons les trois grands prix gagnés par Gladiateur, nous trouvons que ce poulain a remporté sans compter les paris qu'il ne nous est pas permis d'énumérer :

Les Deux-Mille-Guinées, se montant à 127,500 fr.

Le Derby anglais 170,625

Le grand prix de Paris. 143,600

                                          441,725 fr.

Ce chiffre est assez beau pour faire rêver les économistes.

CHAPITRE II.

LE HARAS DE DANGU.

Le haras de Dangu est situé sur les confins du département de l'Eure, entre Gisors et Vernon, à 28 kilomètres de cette dernière ville, station du chemin de fer de Paris à Rouen, et à 4 kilomètres de Gisors, nouvelle station du chemin de fer de Dieppe qui sera prochainement ouvert. Le haras, tout récemment créé par M. le comte Frédéric de Lagrange, se distingue entre tous les établissements de ce genre par les chevaux célèbres qui sont nés dans ses prairies.

Les débuts de M. de Lagrange sur le turf datent de 1857. Bien que ce sportsman fût depuis longtemps déjà un des patrons les plus puissants des courses, il n'était pas encore descendu dans l'arène. Il commença par un coup de maître en achetant, au mois d'octobre 1856, la plus grande partie des chevaux composant l'écurie de M. Alexandre Aumont, qui s'engagea par traité à vendre ses poulains à M. de Lagrange et à ne point entrer en lutte avec lui avant 1859.

Les éclatantes victoires de Monarque, de Mademoiselle de Chantilly, de Ventre Saint Gris, de Zouave, de Black Prince, illustrèrent la nouvelle casaque bleue à manches rouges et déterminèrent le comte Frédéric à fonder le beau haras de Dangu.

L'activité intelligente du nouvel éleveur ne devait pas s'arrêter là ; de concert avec M. le baron Nivière, et à la suite d'une association puissante qui réunissait les deux écuries les plus formidables de Chantilly, il tenta une entreprise hardie et jugée téméraire par les timides : il établit à Newmarket, sous la direction de Tom Jennings, une nombreuse écurie composée de chevaux français.

Les succès remportés au-delà de la Manche par les chevaux de M. de Lagrange, dans les années 1857, 1858 et 1859, étaient certes très encourageants, mais jusqu'alors on n'avait cru dignes de se mesurer contre leurs frères d'Angleterre que les meilleurs chevaux français.

La nouvelle association ne craignit pas de disputer régulièrement aux Anglais les courses les plus importantes. Ajoutons que les plus beaux triomphes couronnèrent cet aventureux projet. L'écurie française s'est couverte de gloire et donna d'une façon irrécusable la mesure exacte des progrès accomplis par les éleveurs de chevaux de pur sang. A M. de Lagrange et à M. Nivière revient l'honneur d'avoir fait connaître au pays la valeur et la puissance de notre industrie chevaline. Ce résultat est trop important pour ne point le constater. Avant l'établissement de l'écurie française à Newmarket, les éleveurs français étaient trop modestes. Aujourd'hui ils connaissent leurs forces. L'Angleterre elle-même se plaît à reconnaître le mérite des chevaux nés en France, en exagérant quelquefois leurs qualités, histoire de justifier les gros poids placés sur les champions que redoutent les handicappeurs.

Je déclare donc, en dépit de la vétusté de la formule, que les deux éleveurs dont il s'agit ont bien mérité de la France..... hippique.

Ce préambule n'est point étranger à notre sujet et nous rapproche du haras de Dangu, qui recevait ses premières poulinières en 1859. Par une sorte de présage aussi heureux que bizarre, le premier poulain né dans l'établissement fut Marignan. Depuis cette époque, la population chevaline du haras augmenta chaque année.

Le haras de M. de Lagrange, quelque vaste qu'il soit, puisqu'il couvre une superficie de deux cent vingt-trois hectares, ne constitue qu'une partie de l'immense domaine qui entoure le château de Dangu et le village de ce nom. Je ne chercherai point à donner un crayon de ce beau château, fièrement posé sur un mamelon qui commande la vallée de l'Epte. Cependant l'histoire et la description de cette vieille demeure féodale sont faites pour tenter une plume curieuse et finement taillée. On ferait de pompeuses énumérations, de saisissantes antithèses, d'ingénieux rapprochements sur ce château que posséda Robert Ier, fils de Guillaume le Conquérant, et dont s'empara Philippe-Auguste. Si M. Legouvé avait su cela, il aurait pu placer à Dangu la touchante Ingelburge ; elle eût été plus à son aise dans ce beau château que dans les prisons d'Étampes. Mais M. Legouvé ne sait pas tout.

Et moi, qui ne suis point de la force de M. Legouvé, je ne puis me permettre, dans un accès de lyrisme,

ıl de comparer Gladiateur, partant de cette terre de
ə France pour gagner le Derby, au Normand Guillaume,
ɪ qui passa la Manche et conquit l'Angleterre.

Tant de licence ne m'est point permise, et rendez
grâce aux dieux, ô lecteurs, je ne fais pas de vers
en été.

Le comte de Lagrange tient le domaine de Dangu,
de madame de Lagrange, sa mère, née de Talhouet;
il hérita de ce château qui, malgré les ravages et les
démolitions successives subis à diverses époques, est
encore imposant par sa belle masse, sa forme circu-
laire, ses grands toits, et reste une page fort rare de
notre architecture nationale. Le château, dans sa
primitive intégrité, appartenait aux ducs de Normandie et présentait l'aspect d'un immense fer à cheval.

Les deux branches du fer (un maréchal ferrant
dirait les deux *éponges*) ont été détruites; la partie
centrale, formant un arc de cercle légèrement cintré,
est seule debout; en voyant ces murailles tronquées
mais énormes et bien conservées, on peut s'imaginer
les proportions colossales du vieux château ducal,
dont l'escalier monumental est une merveille. La po-
sition de Dangu est très-forte et a dû être choisie par
ces batailleurs normands qui se ruaient sans cesse
sur le Vexin français. Le manoir, du haut de son co-

teau, semble encore menaçant. De la terrasse, qui surplombe une colline coupée presque à pic, on découvre un site admirable. Une ceinture de mamelons aux teintes bleuâtres s'étend à l'horizon et se perd en lointains nuageux ; au second plan, à droite, s'élève une montagne plus haute, d'où l'ambitieux Guillaume a plus d'une fois, dit-on, regardé Paris la grand'ville. Le village de Boury fait face à cette antique forteresse qui domine le cours de l'Epte, dont l'œil suit les sinueux contours à travers les « paddocks » et les herbages.

L'Epte, qui séparait naguère le Vexin normand du Vexin français, marque aujourd'hui la limite des départements de l'Eure et de l'Oise.

Un parc planté de futaies séculaires et parsemé de belles pelouses changées en « paddocks » entoure cette demeure seigneuriale. Le parc ne contient pas moins de cent hectares, dont quinze forment les prés réservés aux poulains et aux poulinières. Une partie des écuries du château a été modifiée et contient dix boxes.

Il est temps maintenant de quitter les hauteurs de Dangu, afin de décrire le haras qui doit plus spécialement nous occuper. La maison du régisseur et les boxes des poulinières sont construites au milieu des herbages où paissent, en de vastes paddocks, juments et poulains. Les bâtiments du haras de Dangu sont fort simples et assez semblables à ces fermes anglaises confortables et sans luxe. Les cours, grandes, bien closes, dont le sol est recouvert d'une épaisse couche de paille, rappellent les « straw yards » de nos voisins. Là, pendant l'hiver et les temps rigou reux, les poulinières et les poulains de l'année viennent prendre l'air et jouir d'un pâle rayon de soleil. Seize boxes pour les juments, et deux autres précédées d'une cour spéciale entourée de murs pour les étalons, composent l'établissement principal. Les poulains d'un an, les « yearlings » autrement dit, ne quittent pas les « paddocks », et se retirent chaque soir dans d'excellents boxes-abris, bien clos et à toit de chaume, ce qui rend ces maisonnettes chaudes durant l'hiver et fraîches en été.

Les enclos sont immenses et ne contiennent pas moins de dix à quinze hectares. Ils sont séparés entre eux par deux talus et un fossé plein d'eau venant de l'Epte. Des abreuvoirs sont ménagés dans ces fossés, où les poulains se désaltèrent « dans le courant d'une onde pure ». Les boxes-abris sont au nombre de quinze; quand j'aurai ajouté les dix boxes établies pour les poulinières à la ferme de Neaufles, où nous aurons l'occasion de revenir plusieurs fois dans le cours de ce chapitre, j'additionnerai et trouverai le total de cinquante-trois boxes grandes ou petites.

Les prairies qui entourent le haras de Dangu mesurent, je l'ai déjà dit, une superficie de deux cent vingt-trois hectares, car M. de Lagrange fait convertir en prés une vaste plaine qui fait suite aux « paddocks ». L'herbe pousse déjà épaisse et drue. Rien ne manquera aux nouveaux enclos qui auront des abreuvoirs abondamment alimentés par l'eau que des conduits souterrains puisent à une source considérable placée sur les terres de la ferme de Neaufles.

Mais que cette vallée normande est plantureuse et belle ! et comme elle est admirablement située ! Abritée par de hautes collines des vents de l'ouest, du nord-ouest et de l'est, elle est ouverte au midi et un peu au nord et paraît appropriée par la nature elle-même à l'élevage du cheval.

« C'est un véritable nid à poulains, » disait M. Ephrem Houel en visitant Dangu. Je partage, en cela, l'avis de M. Houel, le plus lettré des inspecteurs de Haras, soit dit sans faire tort aux autres, puisque M. Houel est mis à la retraite. Les herbages de Dangu sont excellents, et durant l'été l'herbe croît si haute qu'il devient nécessaire de mêler aux poulinières et aux poulains plus de cent bœufs qui s'engraissent dans ces pâturages.

Le haras de Dangu renferme cinq étalons, trente poulinières et trente-six poulains d'un an, sans compter les poulains qui sont nés cette année.

Sur les cinq étalons, tous de pur sang, quatre font la monte à Dangu, savoir : Monarque, Father Thames, Ventre Saint Gris et Hospodar; Palestro quitte Dangu au printemps et arrive en station à Paris.

Bien que Monarque soit connu de tous les turfistes, et même de tous les éleveurs de chevaux qui ont pu admirer ce magnifique cheval à l'exposition de 1860, à Paris, nous nous arrêterons devant cet étalon, et, tout en l'examinant, nous rappellerons ses brillantes performances.

Monarque est né en 1852 au haras de Victot, chez M. Alexandre Aumont. Appartenant à cet éleveur et confié aux soins de l'entraîneur Tom Jennings, il obtint la seconde place dans le grand Critérium à Chantilly, gagné par Allez-y-gaiement.

En 1855, il gagna les huit courses qu'il disputa, parmi lesquelles la poule d'Essai, la poule des Produits, le prix du Jockey-Club, le Saint-Léger à Moulins, le Derby de Gand.

En 1856, il remporta cinq courses, dont le prix du Cadran et le prix des Pavillons, et disputa la coupe de Goodwood. Il n'obtint que la troisième place dans cette course gagnée par Rogerthorpe; Yellow Jack était second.

En 1857, devenu la propriété de M. de Lagrange, il gagna huit courses, dont le grand Prix impérial, le prix des Pavillons, la coupe de Goodwood, battant dans cette lutte Riseber second, Fisherman troisième.

En 1858, portant toujours les couleurs de son nouveau propriétaire, il remporta le Newmarket handicap, battant Wouvermans deuxième et Worcester troisième. Enfin ce vaillant cheval finit sa carrière au mois d'avril de cette même année de 1858, et tomba « broke down » en courant le Great Metropolitan à Epsom. Monarque était second favori dans cette course à 5/1.

A dater de cet accident, Monarque revint à Dangu, où il fit la monte; on connaît ses succès.

Si nous résumons les performances de Monarque, on voit qu'il courut à l'âge de 2, 3, 4, 5 et 6 ans.

Monarque a gagné :

8 courses à 3 ans sur 8 courues,
5 — à 4 ans sur 7 —
8 — à 5 ans sur 9 —
1 — à 6 ans sur 2 —

Soit 22 courses sur..... 26 courues.

Monarque n'a pas moins de succès comme étalon que comme cheval de courses. Voici, depuis qu'il fait la monte, le total des sommes qu'il a rapportées à son heureux propriétaire, sans faire entrer en ligne de compte les saillies des juments de Dangu :

En 1859......... 10,800 francs.
1860......... 13,080 —
1861......... 9,850 —
1862......... 10,050 —
1863......... 20,500 —
1864......... 17,500 —

Total.... 81,780 francs.

Monarque saillira cette année douze des juments de M. de Lagrange. Monarque est fils de The Baron ; Sting ou The Emperor et Poetess, par Royal Oak et Ada par Whisker, The Emperor par Defence et Reveller Mare ; on attribue généralement à The Emperor l'honneur d'avoir procréé Monarque.

Ce cheval est bai châtain avec les jambes noires, il mesure 1^m 65 de haut. Son encolure longue, fine, déliée, gracieuse, surmontée d'une tête admirable, aux yeux parlants, signale aux moins connaisseurs un étalon de grande origine ; les épaules, la poitrine, le garrot, sont irréprochables. Son arrière-main laisserait à désirer ; mais ce splendide cheval éblouit, et l'on oublie certaines imperfections pour ne regarder que cette magnifique silhouette, qui est l'idéal du cheval de pur sang. D'ailleurs, il est à remarquer que tous les descendants de Monarque reçoivent de leur père une encolure et un avant-main exceptionnels qui les font reconnaître tout d'abord, et ne contribuent pas peu à leur donner l'apparence légère qui distingue tout vrai cheval de courses. Monarque transmet aussi à ses produits ce caractère aimable et ce grand cœur dont il a donné tant de preuves durant sa carrière.

Hospodar, Gédéon, Fidélité, Béatrix, Rhotomago, Gladiateur, Le Mandarin, Brioche, tels sont les enfants de Monarque.

Cet étalon ne saillit que des juments de pur sang, à raison de 500 fr. par jument.

Ventre Saint Gris est né en 1855, chez M. Moloré de Freneaux, à Séez (Orne); il est fils de Gladiator et de Belle de Nuit par Y Emilius, et Odine par Tigris et Miss Ann par Figaro et Tramp mare.

Ventre Saint Gris gagna le Derby en 1858, battant Furens second, la Maladetta, Gouvieux, Zouave, Oubli, Fort à Bras, etc. Il courut la même année le Goodwood Cup, arriva quatrième dans cette course, gagnée par Saunterer; Fisherman était second, Schiedam troisième. Il n'obtint que la troisième place à Chantilly, dans le Prix de l'Empereur, que remporta Saunterer sur Miss Cath seconde.

Ventre Saint Gris n'a pas couru depuis 1858; il a beaucoup profité depuis qu'il fait la monte. Cet étalon, de couleur baie et qui mesure 1^m 60, est remarquablement fort, compacte et large.

Sa poitrine est énorme, son flanc bien fait, ses côtes sont rondes, ses hanches puissantes, ses cuisses épaisses, ses jarrets larges, sa tête est belle; en un mot, c'est un excellent étalon dont les produits sont très remarquables et ont prouvé qu'ils savaient galoper. Le Béarnais, Médicis, Fleurette et plusieurs autres bons poulains confirment l'excellente opinion que nous avons du mérite de Ventre Saint Gris.

Cette année, douze juments du haras de Dangu seront saillies par cet étalon, qui fait la monte à raison de 200 francs pour les juments de pur sang et 50 francs pour les juments de demi-sang.

Hospodar est né en 1860 à Dangu ; il est fils de Monarque et de Sunrise, par Emilius et Sunset par Muley-Moloch.

Hospodar a surtout brillé en Angleterre, à l'âge de deux ans. Il gagna, en 1862, les Clearwell Stakes à Newmarket, battant d'une longueur Onesander, Early Purl, Dunkeld et cinq autres chevaux. Il remporta aussi les Criterion Stakes sur National Guard, Corintha, Vivid, Blue Mantle et neuf autres chevaux. On pariait 9,4 pour Hospodar.

A la vente faite à Newmarket des chevaux de l'écurie française, cette même année, lord Stamford, qui avait acheté Brick, Armagnac et le Maréchal, mit une enchère de 100,000 francs pour Hospodar ; mais M. de Lagrange racheta son cheval, qui fut premier favori dans les 2,000 guinées et second favori dans le Derby anglais. Cependant Hospodar, dont les pieds devinrent d'une sensibilité excessive, ne tint pas à trois ans les promesses qu'il avait données, et il ne gagna ni les 2,000 guinées, ni le Derby anglais, ni le grand Prix de Paris, ni le grand Prix de Bade, ni le Cambridgeshire, qu'il courut.

Ces grandes courses qu'il disputa prouvent quel cas M. de Lagrange faisait de son cheval.

A la fin de l'automne 1863, dans un pari particulier où Hospodar était engagé, à Newmarket, contre Saccharometer, ce dernier paya un forfait de 200 livres. Depuis cette époque Hospodar est à Dangu. Il a fait la monte en 1864.

Ce cheval est bai marron, avec les jambes noires. Sa taille est haute de 1^m 59 ; il tient de son père une tête, une encolure et des épaules superbes ; il a la côte bien faite, les cuisses fortes et les hanches développées de sa mère, la petite mais excellente Sunrise. Les membres sont larges, et, en somme, Hospodar est un magnifique étalon, qui non-seulement est un reproducteur hors ligne pour les croisements, mais qui nous semble capable d'engendrer des chevaux de courses. Le prix des saillies de ce cheval est de 200 francs pour les juments de pur sang, et 25 francs pour les juments de demi-sang.

Father Thames est né en Angleterre, dès l'année 1849, chez sir Robert Pigot ; il est fils de Faugh a Ballagh et de Bran mare, par Bran et Active, par Partisan et Eleanor.

Father Thames gagna, en 1852, à l'âge de trois ans, le Newmarket handicap, battant Officious,

Teddington, Poodle et douze autres concurrents. Il n'obtint que la troisième place dans les Newmarket stakes gagné par Stockwell, Maidstone second fit deux « walkower » à Ascot; et arriva second, battu d'une tête dans les Gratwick Stakes, à Stockbridge par Longbow; The Nabob était troisième.

A Goodwood, dans les Stakes gagnés par Stockwell, il fut placé troisième. Maidstone était second. Il arriva quatrième dans le Chesterfield Cup à la même réunion. Enfin il gagna quatre courses en 1852 et une en 1853. Il fut importé en France, en 1854, par Richard Carter, qui le vendit, il y a quel- ques années, à M. de Lagrange.

Father Thames est un cheval alezan brûlé, marqué d'une étoile en tête et de deux balzanes aux jambes postérieures. Sa taille est de 1^m 60. Il a avec The Baron un air de famille qu'il tient de son père, Faugh a Ballagh, oncle de Baron. Son encolure, comme celle de cet étalon, n'est pas très-développée, mais il a le rein droit, la côte ronde et les cuisses épaisses, et, par-dessus tout, l'apparence d'un cheval de courses. Father Thames est le père de Stradella, père putatif, il est vrai, puisque The Cossack pourrait revendiquer une partie de cette gloire, mais on croit devoir attribuer à l'étalon de M. de Lagrange la paternité de la célèbre fille de Creeping Jenny. Le prix des saillies de Father Thames est de 200 francs pour les juments de pur sang, et de 25 francs pour les juments de demi-sang.

Les quatre étalons mentionnés plus haut satisfont pleinement à tous les besoins du haras de Dangu. C'est pourquoi, à l'époque de la monte, Palestro arrive à Paris où l'attend une clientèle aux hennissements impatients.

Palestro est né en 1858 chez M. Chédeville, à Silly (Orne). Cet éleveur vendit Palestro à l'âge de 18 mois à M. de Lagrange. Après son dressage, on essaya le jeune poulain. Cette première épreuve n'ayant pas paru satisfaisante, Palestro fut envoyé chez H. Cuttler, dans le Midi, pour y être entraîné.

Il débuta en 1861 dans le prix de la Néva et arriva troisième ; Finlande était première, Hisber deuxième. Aussitôt après il gagna successivement le prix du Trocadéro, deux courses à Poitiers, le prix de Satory à Versailles, le prix de l'Empereur à Chantilly sur Mon Étoile, seconde, le prix du Prince impérial. Il remporta le Cambridgeshire à Newmarket ; Gabrielle d'Estrées était seconde, Astéroïd mauvais troisième.

En 1862, il gagna un sweepstakes à Newmarket

battant Wallace et Brown Duchess, cueillit le prix
de l'Impératrice et enfin tomba boiteux dans le grand
prix de l'Empereur que gagna Mon Étoile.

Palestro est, par Fitz Gladiator et Lady Saddler,
fille d'Assault et de Saddler Mare par Saddler et
rtisan Mare, issue de Pomora par Vespasian. Pa-
Palestro mesure 1^{m}60 ; il est bai, avec les jambes
noires, à l'exception d'une petite balzane au pied
gauche postérieur ; l'encolure n'est pas très-développée, mais le rein est droit, les cuisses sont mus-
clées, les membres larges. C'est en somme un grand
et beau cheval.

Palestro a gagné :

> A 3 ans, 7 courses sur 9 courues
> A 4 ans, 1   —   8   —
> —   —
> Total.... 8 courses sur 17 courues.

Cet étalon fait la monte à Boulogne (Seine), à raison de 300 francs pour les juments de pur sang, et
50 francs pour les juments de demi-sang.

Les poulinières du haras de Dangu ne sont pas
moins remarquables que les étalons ; les juments nées

en France ne le cèdent en rien à leurs compagnes importées d'Angleterre.

Alerte, Liouba, Mademoiselle de Chantilly, Gabrielle d'Estrées attirent les yeux tout d'abord.

Alerte, à peine délassée des fatigues de l'entraînement, est resplendissante de beauté. Elle est large, compacte, avec des lignes incomparables; elle égale déjà la magnifique apparence de sa mère Aunt Phillis. L'alezane Liouba, à la longue encolure, à la taille élevée, aux cuisses épaisses, au corsage développé, est une des plus belles poulinières qu'on puisse envier. J'étonnerai quantité de jeunes turfistes en leur affirmant que Mademoiselle de Chantilly n'est plus cette jument légère d'autrefois. La Demoiselle, devenue mère, est compacte et large. Que voulez-vous? elle a perdu sa..... taille, et, je dois le dire, elle paraît près de terre. Nuncia est peut-être la plus coquette de toutes. Sa jolie tête, courte, effilée, est placée sur un cou charmant, qui s'élance gracieusement d'une épaule large et superbe. Nuncia joint à cet avant-main séduisant des hanches fortement accusées et des cuisses énormes. Rien n'est plus beau et plus bizarre que cette grosse jument aux formes épaisses que surmonte une tête éveillée comme celle d'une pouliche. Gabrielle d'Estrées est une de mes préférées. Elle est déjà irréprochable. Que sera-ce, l'année prochaine, quand elle aura plus de volume? Miss Gladiator est longue et ample. Julia, la mère de Cosmopolite et du Béarnais, est bien conservée malgré son âge; elle a le rein droit comme un poulain de trois ans, et ses hanches sont d'une largeur prodigieuse. Sunrise, quoique petite, est extraordinairement compacte; son corsage est de grande dimension, son rein soutenu, ses membres sont courts, et, pour être moins brillante que les précédentes, elle ne nous offre pas moins un type fort rare, et que j'apprécie grandement pour une poulinière. Le contraste est frappant entre Sunrise la baie et l'alezane Voyageuse, grande et forte jument à l'ossature puissante. Dame d'Honneur est une poulinière accomplie, sa construction est incomparable. Trois juments noires, nouvellement importées d'Angleterre, m'ont beaucoup plu; Sweet Lucy, aux lignes et à la taille élevée; Corbeau, plus près de terre, et ayant quelque ressemblance avec Sunrise, quoique moins belle; miss Shephard, qui peut être classée parmi les plus belles juments du haras de Dangu.

J'ai vu aussi plusieurs poulinières qui appartiennent à M. Sarazin, le fermier de M. de Lagrange. Constance et Miss Ion sont remarquables. Constance,

compacte et près de terre, se rapproche du type de
Sunrise; Miss Ion, au contraire, est grande, mais
elle a pris de l'ampleur, et les muscles des cuisses
sont développés. Il est vrai que cette jument est brillante de santé et de condition, ressemblant en cela
aux poulinières et aux poulains de M. de Lagrange.
William Darling, qui est à la tête du haras de Dangu,
exécute avec intelligence les prescriptions de son maître et justifie la confiance qu'on lui témoigne. Tous
ses chevaux se font remarquer par un état parfait,
une santé et une rusticité à toute épreuve.

Voici la liste des poulinières et des poulains :

Lady Lift, baie, par Sir Hercules et Sylph, fille
de Spectre. Née en Angleterre en 1844, importée en
France en 1856 par M. le comte de Lagrange (mère
du Maréchal), suitée d'un poulain alezan par Monarque.

Margaret, baie, par Drayton et Switch, fille de
Caïn. Née en Angleterre en 1845, importée en 1852
par Richard Carter. Margaret est mère de Marignan.
Elle est suitée d'un poulain bai par Monarque.

Emma Donna, baie brune, par Galanthus et Whisker mare. Née en Angleterre en 1846, importée en

1855 par Richard Carter, suitée d'une pouliche baie brune par Monarque.

Corbeau, baie brune, par The Saddler et Piggy par Muley Meloch. Née en Angleterre en 1847, importée en 1863 par M. de Lagrange. Vide. Saillie cette année par Monarque.

Sunrise, baie, par Emilius et Sunset, fille de Muley Moloch. Née en 1848, importée en 1858 par M. de Lagrange. Mère de Hospodar et de Young Monarque. Suitée d'un poulain alezan par Monarque.

Flora Mac Ivor, rouanne, par Venison et Witticism, fille de Sultan Junior. Née en Angleterre en 1848, importée en 1858 par M. le comte de Lagrange. Suitée d'un poulain alezan par Monarque.

Julia, alezane, par Epirus et Monstrosity, fille de Plenipotentiary. Née en Angleterre en 1848 ; importée en 1852 par M. Pescatore ; mère de Cosmopolite, du Béarnais ; suitée d'une pouliche alezane par Monarque.

Voyageuse, alezane, par Ratan et Sultan Junior mare. Née en 1850 en Angleterre chez M. Littser ; importée en 1854 par Richard Carter ; mère de Brioche ; suitée d'un poulain bai par Monarque.

Faugh a Ballagh mare, bai brun, par Faugh a Ballagh et Simoon mare (la sœur de Wanota). Née en 1850 en Angleterre; importée en 1854 par M. le baron de Nexon; suitée d'une pouliche alezane par Zouave.

Antonia, alezane, par Epirus et The Ward of Cheap, fille de Colwick. Née en Angleterre en 1851; importée par M. le comte de Lagrange; mère de Gabrielle d'Estrées, de Loyal; vide.

Dame d'Honneur, alezane (gagnant du prix de Diane en 1856), par The Baron et Annetta, fille d'Ibrahim par Sultan. Née en 1853 chez M. Alexandre Aumont; mère de Schaffouse; vide.

Théa, baie, par Électrique et Colombine, fille de Harlequin et de Feuille de Chêne, issue de Royal Oak. Née en 1854 chez M. Alexandre Aumont, suitée d'une pouliche alezane par Monarque.

Mademoiselle de Chantilly, baie (gagnant du prix de l'Empereur, du prix de Diane, du Grand Saint-Léger en 1857, du City and Suburban handicap à Epsom en 1858), par Gladiator et Maid of Mona, fille de Tory Boy et Kite par Bustard. Mademoiselle de Chantilly est née en 1854, chez M. Alexandre Aumont; elle est mère de Mademoiselle de Charolais; suitée d'un poulain bai par Monarque.

Miss Gladiator, baie, par Gladiator et Taffrail, fille de Sheet Anchor et de The Warwich mare, par Merman. Née en 1854 au haras de Saint-Cloud, propre sœur d'Union Jack, demi-sœur de Phénix; mère de Gladiateur; suitée d'une pouliche baie par Monarque.

Chevrette, baie, par Lanercost et Nativa, fille de Royal Oak et Naiad, par Whalebone. Née en 1855 chez M. Alexandre Aumont, demi-sœur de Nancy, Nat. vide.

Étoile du Nord, baie (gagnant du Prix de Diane en 1858), par The Baron et Maid of Hart, fille de The Provost et de Martha Lynn, issue de Mulatto et de Léda, par Filho da Puta. Née en 1855 chez M. Alexandre Aumont, demi-sœur d'Aviceps, Dangu, Compiègne, Fleur de Mai; suitée d'un poulain bai par Monarque.

Ballerina ex-Hirondelle, baie brune, par Nunnykirk et Annette, fille de Mango et Ada, issue de Whisker. Née en 1856 chez M. Alexandre Aumont; suitée d'une pouliche noire par Father Thames.

Liouba, alezane, par Nuncio et Eusebia, fille d'Emilius et de Mangel Wurzel, par Merlin. Née en 1856 chez M. Alexandre Aumont, demi-sœur d'Échelle et de Royal quand même; mère du Mandarin; suitée d'un poulain alezan par Monarque.

Nuncia, baie (gagnant du grand Criterium à Paris en 1858, de l'Omnium à Paris en 1857, et du Saint-Léger Continental à Baden-Baden), par Nuncio et Fatima, fille d'Élis et d'Albania, par Sultan. Née chez M. Abadie en 1856, demi-sœur de Regrettée de de Gouvieux; suitée d'un poulain bai par Monarque.

Gabrielle d'Estrées, alezane (gagnant du Prix du Jockey-Club en 1861), par Fitz Gladiator et Antonia fille d'Epirus et de The Ward of Cheap par Colwick. Née en 1858; suitée d'une pouliche baie par Tumbler.

Sweet Lucy, noire, par Sweetmeat et Coquette. Née en 1857 en Angleterre, importée en 1863 par M. le comte de Lagrange, suitée d'un poulain alezan par Monarque.

Alerte, baie (gagnant de l'Ascot biennal stakes en 1861, placée cinquième dans les Oaks en 1862, gagnés par Feu de Joie, gagnant du prix du Cadran à Paris en 1863), par Alarm et Aunt Phillis, fille d'Epirus et de Lady of Penydaran par Pantaloon, demi-sœur d'Alcibiade. Née en 1859 chez M. le baron Nivière; suitée d'un poulain bai par Monarque.

Tolla, baie, par Festival ou Valbruant et Miss Ion, fille d'Ion et de Miss Ann par Filho da Puta. Tolla est demi-sœur de Béatrix et de Rothomago. Elle est née en 1858 chez M. Sarazin ; elle est suitée d'un poulain bai brun par Monarque.

Arcadia, baie, par Arthur Wellesley et Pauline, née en Angleterre en 1859, importée en 1864; suitée d'un poulain bai par Monarque.

La Vallière, baie, par Faugh a Ballagh et Alexandra, fille de Napoléon et de Regatta par Camel. Née en 1861 chez Mme la comtesse de Chamoy; vide, a été saillie cette année par Monarque.

Miss Shephard, noire, par Vandermulin et Tabby par Joe Lowel. Née en Angleterre en 1861, importée en 1864; suitée d'une pouliche noire par Father Thames; sera saillie cette année encore par le même étalon.

Sont attendues prochainement à Dangu :

Stradella, noire, par The Cossack ou Father Thames et Creeping Jenny. Stradella est née en 1859 chez M. le comte de Lagrange à Dangu ; saillie en Angleterre par Thunderbolt.

Vivid, noire, par Vedette et Daisy, née en Angleterre en 1860, saillie cette année par Monarque.

Yamuna, alézane, par Orlando et Himaya, est née en Angleterre en 1861, sera saillie par Little Pepin.

Telles sont les juments de M. le comte de Lagrange.

Six autres poulinières appartenant soit à M. Sarazin, fermier de M. de Lagrange, soit à M. Richard Carter, soit à M. Bouret, peuvent être considérées comme faisant partie du haras. Non-seulement les produits à naître de ces juments sont réserves à M. de Lagrange, mais encore ces poulinières sont confondues avec celles du comte, dans les prairies de Dangu.

Les trois juments de M. Sarazin sont :

Constance, alezane, par Gladiator et Lanterne, fille d'Hercule par Rainbow, et d'Elvira par Eryx, née en 1848 chez M. le prince de Beauvau, demi-sœur de

Fontaine et d'Eclaireur; mère de Fidélité; suitée d'un poulain bai par Monarque.

Lesbie, baie, par Eylau (anglo-arabe) et Lady Fashion par Sylvio. Eylau est fils de Napoléon et de Delphine par Massoud, arabe. Lesbie est née au haras du Pin en 1850, et a été vendue la même année à M. Sarazin. Demi-sœur de Porthos, mère de Gisors et d'Infante; suitée d'une pouliche baie par Ventre Saint Gris.

Miss Ion, baie brune, par Ion et Miss Ann, fille de Filho da Puta et de Smolensko mare, est née en 1853 chez M. Boutton-Levêque : mère de Béatrix et de Rothomago; suitée d'une pouliche baie par Monarque.

Les deux juments de Richard Carter sont :

Préférée, alezane, par Sir Tatton Sykes et Grist, fille de Don John et de Meal, issue de Bran et Tintoretto par Rubens. Née chez M. Joachim Lefèvre en 1858; suitée d'un poulain alezan par Monarque.

Admiralty, par Collinvood et Black Bird, par Irish Birdcatcher. Née en Angleterre en 1855, importée en 1860 par Richard Carter, suitée d'une pouliche alezane par Father Thames.

M. Bouret est propriétaire de :

Lady Nelson, ex-Britannia, baie brune, par Collingwood et Marie Vincent, fille de Simoon, née en Angleterre en 1855, importée en 1859, vide.

M. de Lagrange achète tous les ans un grand nombre de poulains de pur sang. Ainsi tous ceux provenant des poulinières de M. le duc de Fitz-James et quelques-uns de produits nés chez M. Staub passent dans l'écurie de Tom Jennings. De plus, un certain nombre d'éleveurs de Normandie se sont engagés, par traités, à vendre de préférence leurs poulains à M. de Lagrange: par ces moyens, l'écurie d'entraînement de cet éleveur contient chaque année quarante à cinquante poulains de deux ans, que l'on essaye à fond avant de les soumettre à une préparations complète.

Cependant, de tous les yearlings que j'ai vus à Dangu, je dois franchement déclarer que les plus beaux et ceux que je préfère sont issus des poulinières de Dangu.

Ainsi, je ne sais rien de plus admirable que les cinq ou six poulains nommés Enchanteur, Trocadéro, Longchamp, Dragon, Cerf-Volant et Imperator. Les trois premiers surtout, qui sont alezans, ont accaparé toute ma préférence. Mais lequel choisir ? Est-ce Enchanteur, très-fort, très-compacte, avec des lignes énormes, et que je reconnaîtrai plus tard à ses trois balzanes. Est-ce Trocadéro, le frère de Gabrielle d'Estrées, qui a déjà la longue encolure de sa sœur, et toute l'apparence d'un cheval de course ? Ce poulain se distingue moins par sa liste en tête que par sa légèreté, ses épaules descendues et toute sa conformation qui est le type du cheval de pur sang. Est-ce Lonchamp, dont le dessus est irréprochable et dont les jambes marquées de deux balzanes sont larges et solides ? Dragon est moins grand que les précédents, mais ce poulain est remarquable par la symétrie et la régularité de sa construction. J'aime beaucoup le frère d'Hospodar, grand poulain un peu enlevé, mais aux leviers puissants et à l'action longue et développée. Je vous le présente comme possédant déjà cette « sweeping action », que les entraîneurs prisent à un si haut point.

Imperator est le plus petit des six poulains que je place en tête des mâles. Cependant je fonderais plus d'espérance sur le fils de Miss Gladiator que sur deux énormes yearlings, fils de Life Boat et d'Ellington. Roland et Montgobert, tels sont les noms de ces gros et gigantesques poulains qui, en dépit de leur gigantesque stature, ne m'inspirent aucune confiance. Condé, le frère d'Argences, ne m'a point paru digne d'être signalé. Orne possède un beau dessus, mais il est de petite taille et d'origine médiocre.

Quand je vous aurai révélé, ô lecteurs, que M. de Lagrange a eu le courage de refuser l'offre de cent mille francs qu'on lui a faite pour acheter six seulement de ces yearlings, vous vous ferez peut-être une idée de la beauté de ces poulains.

Parmi les pouliches, je ne me suis point lassé d'admirer Frégate, la sœur du Mandarin ; elle me rappelle Géologie. De la même couleur, elle a la même construction, le rein droit, les cuisses compactes et fortes, des épaules larges et proportionnées et une action magnifique. Venise est tout le portrait de Fidélité ; légère et osseuse sur des jambes de fer, elle vole sur l'herbe douce du paddock, mais la pauvrette est borgne, elle a perdu l'œil droit et c'est dommage, elle galope si bien. Dauphine, la demi sœur de Marignan, est de belle apparence ; et ses membres larges sont rassurants pour l'avenir. Iris est anguleuse comme Béatrix; aura-t-elle sa célébrité ? Souhaitons-le sans l'espérer. Nuit d'Été, la demi-sœur de Ventre Saint Gris, est une belle pouliche moins grande que la Normandie. Ces deux pouliches feront parler d'elles. Nice, la fille de Nuncia, est la plus gracieuse et la plus ravissante miniature qu'on puisse rêver; elle galopera, j'en suis sûr. Quant à la fille de Mademoiselle de Chantilly, elle est accomplie, quoique cependant assez petite, car elle est née en juin. Il faudra cependant avoir l'œil sur Mademoiselle de Charolais ainsi que sur la Maréchale, pouliche tardive, elle aussi, mais, comme sa compagne, nous paraissant tout à fait « racing like».

Suivent les noms des yearlings.

POULAINS.

Photographe, bai brun, par Ventre Saint Gris et Tolla.

Ajax (ex-Alabama), bai, par Musjid et Ricochet.

Enchanteur, alezan, par Monarque et Théa.

Trocadéro, alezan, par Monarque et Antonia.

Longchamp, alezan, par Monarque et Étoile du Nord.

Dragon, bai, par Ventre Saint Gris et Voyageuse.

Airel, bai, par Royal Quand Même et Défiance.

Montgobert, noir, par Ellington et Amy Robsart.

Roland, bai brun, par Life Boat et Angeline.

Condé, bai brun, par Fitz Gladiator et Victorine.

Montagnard, bai, par Fitz Gladiator et Milwood.

Roncevaux (ex-Vautour), bai brun, par Ventre
    Saint Gris et Lady Nelson.

Imperator, bai, par Monarque ou Father Thames
    et Miss Gladiator.

Malgré Moi, bai, par Charlatan et Dulcinée.

Orne, bai, par Feruch Khan et princesse de la
    Paix.

Problème, alezan, par Charlatan et Titbit.

Fitz Royal, alezan, par Royal Quand Même et
    Lady Bird (par Saint-Simon).

Cerf-Volant, bai, par Monarque et Sunrise.

Rabelais, bai brun, par Game Boy et Sweet Lucy.

POULICHES.

Australie, baie brune, par West Australian et Che-
    vrette.

La Frégate, baie, par Monarque et Liouba.

Venise, alezane, par Monarque et Constance.

La Dauphine, baie brune, par Ventre Saint Gris et
   Margaret.

Bretoline, baie, par Ventre Saint Gris et Lesbie.

Iris, baie, par Ventre Saint Gris et Miss Ion.

Mademoiselle de Charolais, baie, par Monarque et
   Mademoiselle de Chantilly.

La Maréchale, baie, par Monarque et Lady Lift.

Néméa, baie, par Fitz Gladiator et Comtesse.

Atalanta, baie, par Ventre Saint Gris et Admiralty.

La Normandie, baie, par Fitz Gladiator et Claudine.

Séez, baie brune, par Fitz Gladiator et Jeanne d'Arc.

Rosa Nera, baie brune, par Pélion et All Black.

Nuit d'été, baie brune, par Fitz Gladiator et Belle de
   Nuit.

Nice, baie, par Ventre Saint Gris et Nuncia.

Biarritz, baie, par Ventre Saint Gris et Ballerina.

Industrie Privée, baie, par Stolzen fils et Chrystmas
   Eve.

En résumé je trouve les enfants de Monarque supérieurs à ceux de tous les autres étalons anglais ou
français que j'ai vus à Dangu. Les produits de Ventre
Saint Gris ont de l'avenir et sont fort beaux, on les
verra à l'œuvre. Je ne forme qu'un vœu en finissant,
c'est que tous les haras de France soient aussi bien

peuplés que Dangu ; car la suprématie de nos chevaux serait assurée. Nous pourrions triompher partout et toujours de nos excellents voisins: nous pourrions les défier à pied et à cheval et les rosser d'importance. C'est ce que je vous souhaite à tous, mes frères !

FIN.